奇妙的光与声

了不起的科学实验

[塞尔维亚] 托米斯拉夫·森克安斯基 著
[塞尔维亚] 尼曼加·里斯蒂奇等 绘
钟睿 译

吉林科学技术出版社

Text: Tomislav Senćanski
Illustrations: Nemanja Ristić et al.

吉林省版权局著作合同登记号：
图字　07-2018-0056

图书在版编目（CIP）数据

奇妙的光与声 / （塞尔）托米斯拉夫·森克安斯基著；钟睿译. -- 长春 : 吉林科学技术出版社, 2020.9
（了不起的科学实验）
书名原文: Simple Science Experiments 3
ISBN 978-7-5578-5615-1

Ⅰ. ①奇… Ⅱ. ①托… ②钟… Ⅲ. ①科学实验－青少年读物 Ⅳ. ①N33-49

中国版本图书馆CIP数据核字（2019）第118980号

奇妙的光与声 QIMIAO DE GUANG YU SHENG

著　　者　[塞尔维亚]托米斯拉夫·森克安斯基
绘　　者　[塞尔维亚]尼曼加·里斯蒂奇等
译　　者　钟　睿
出 版 人　宛　霞
责任编辑　汪雪君
封面设计　薛一婷
制　　版　长春美印图文设计有限公司
幅面尺寸　226 mm×240 mm
开　　本　16
印　　张　4.5
页　　数　72
字　　数　57千字
印　　数　1-6 000册
版　　次　2020年9月第1版
印　　次　2020年9月第1次印刷

出　　版　吉林科学技术出版社
发　　行　吉林科学技术出版社
地　　址　长春净月高新区福祉大路5788号出版大厦A座
邮　　编　130118
发行部电话 / 传真　0431-81629529　81629530　81629531
　　　　　　　　　81629532　81629533　81629534
储运部电话　0431-86059116
编辑部电话　0431-81629520
印　　刷　辽宁新华印务有限公司

书　　号　ISBN 978-7-5578-5615-1
定　　价　29.80元

推荐序

让我们的孩子拥有一颗无限好奇的心
和一双善于实践的手

打开可乐罐，为什么会有很多泡泡冲出来？为什么抚摸猫咪的毛有时会产生小火花？为什么在阳光下穿黑色的衣服会觉得更热？为什么将金属片放在纸上，松开手它们会一起落地？为什么不倒翁永远也不会躺下？为什么一张无论多大的纸对折起来，最多都不能超过七次……

在我们的生活中，充满了各种各样有趣的、不可思议的现象，这些让小朋友们对世界充满无尽的好奇。当他们睁大美丽的眼睛，用可爱的童音问出一个个“为什么”的时候，正是他们开始想要了解这个多彩世界的时候。

“了不起的科学实验”系列图书就是为了满足孩子们强烈的好奇心而制作的一套经典儿童读物。如今越来越多的家长开始重视培养孩子的科学素养，可落实到具体操作上家长们却是一头雾水。本系列图书便能轻松解决这个问题，它不仅能够帮助家长们更好地为孩子解释种种奇妙现象背后的科学原理，同时更能够激发小朋友们对水、空气、热量、光、电、声音、磁力、重力等方方面面知识的浓厚兴趣，努力去探究那一个个“神奇魔法”中隐藏的秘密，培养一种对万事万物充满好奇、努力寻求答案的精神。正是这种始终对未知保持好奇的态度，才能使他们眼中的世界永远是新鲜、有趣、精彩无限的。

“阅读千次不如动手一次”，本系列图书不是单向式传输知识的普通科普读物，而是一套将科学知识与实验方法有机结合的互动手册，我们希望让孩子们掌握“体验式学习”这一重要的方法，使一个个简单、有趣的小实验，成为孩子们打开科学世界大门的钥匙。运用种种简易的小工具，通过孩子们自己动手操作，制造出纸杯传声筒、塑料瓶分蛋器、吸管牧羊笛、浴缸中的喷气艇、会变色的小风车，甚至还可以自己制作出彩虹……这些动手实践的乐趣和获得实验成功、探知科学原理的成就感，让孩子们在对知识加深记忆的同时，更加真切地体验到科学的魅力，发现生活的美好，从而更加喜爱实践，更加热爱生活。

丰富的好奇心加上反复不断地实践操作，会激发孩子们无限的想象力和创造力，让他们对世界、对人生产生许多与众不同的思索，或许会由此奠定他们热爱科学的基础，使孩子最终成为一名科技工作者，甚至一名优秀的、用创造性思维和技术改变世界、造福人类的科学家。当然，更加重要的是，我们希望我们的孩子能够始终保持对世界充满好奇的童心，秉持不轻言放弃尝试的可贵品质，从而拥有充实、丰富的快乐人生。

于伟

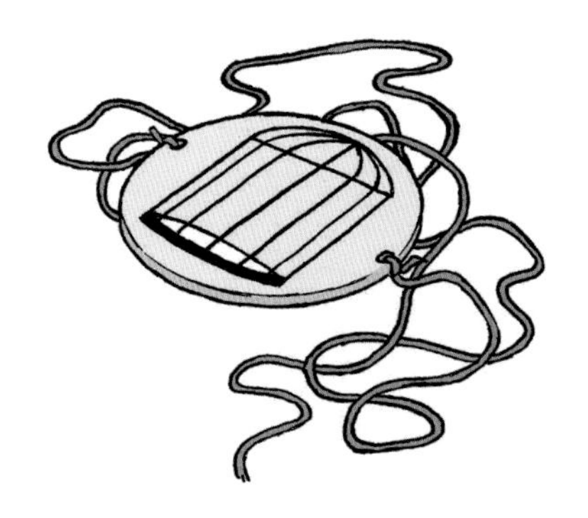

目录 Contents

光

我们无法想象没有了光我们的世界会是什么样。

我们知道光沿直线传播，光能被反射、折射，

还能分解为彩虹中的颜色，

下面我们就一起去了解奇妙的光学世界。

神秘的镜子

镜像并不是精确反映出镜前的人或物的“复印机”。我们一起来看看吧。

所需材料：

- 镜子一面
- 铅笔一支
- 纸若干

实验操作：

1.在纸上画上你想画的东西，并在下方写下它的名字。

2.拿着镜子和画，将它们正对着。

3.看着镜子里的画像与文字的映像。

实验现象：

镜子会反转你的图画。文字也是如此，所以你不能轻易读出其中的内容。

实验原理：

光线沿着直线传播，除非它们能够碰到可以反射的物体。太阳光、蜡烛火焰和电灯泡的光都能够直接到达我们的眼里，但是我们也能够因为光源的光遇到了物体发生反射而看到其他不同的东西。

多种颜色旋转会合并

靠近电视屏幕观察，或是看杂志上的彩色图片，你会看到图像中包含着很多小小的有颜色的点。当你离得较远时，它们会合并在一起，形成不同的颜色。

所需材料：

- 铅笔一支
- 圆规一个
- 厚白纸一张
- 剪刀一把
- 颜料若干

实验操作：

1. 在纸上画出几个圆，将他们剪下来。
2. 将圆平均分成几块并涂上不同的颜色。
3. 在圆心处开一个小洞，用铅笔穿过。
4. 旋转“陀螺”的顶部。

实验现象：

不同的颜色会合并在一起。如果你将彩虹中所含的颜色全部涂到上面，旋转圆后，你看到的颜色会是白色。

实验原理：

圆转得太快，以至于我们的眼睛根本来不及看到里面不同的颜色，我们只能看到它们合并后的颜色。如果你在上面涂上彩虹的颜色，你将会看到白色。

实验拓展：

准备三支手电筒，在发光处分别盖上红色、蓝色和绿色的玻璃纸。在黑暗的房子里，将它们投射到白墙或者白纸上，然后将光线相交。数一数，你能够混合出多少种颜色？

潜望镜

水手在潜水艇里就能看到水面上的情况。这是怎么回事呢？

所需材料：

- 硬卡纸一张
- 铅笔一支
- 胶布若干
- 小镜片两片
- 彩笔若干

实验操作：

1.如图1所示，在卡纸上画出正方形和凹槽，并将其裁下。
2.沿着虚线将卡纸折叠起来。
3.在边缘处贴上胶布，将卡纸做成盒子状。
4.为你的潜望镜涂上颜色，画上装饰。
5.将小镜片嵌入凹槽。上面的镜子朝下，下面的镜子朝上，如图3所示。
6.直立拿起，从下面镜子中的小洞看进去。

实验现象：

你会看到来自于上面镜子的景象。

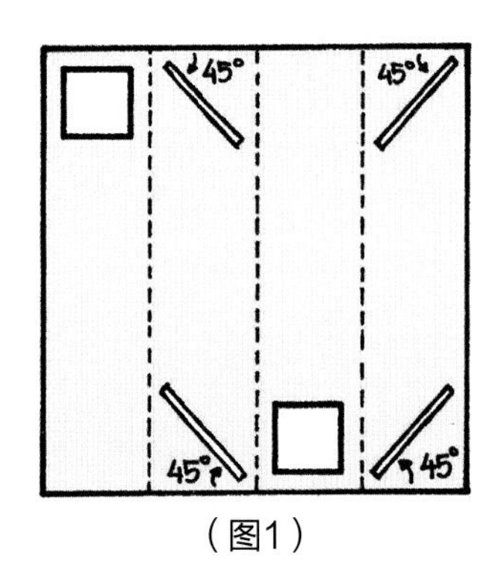

（图1）

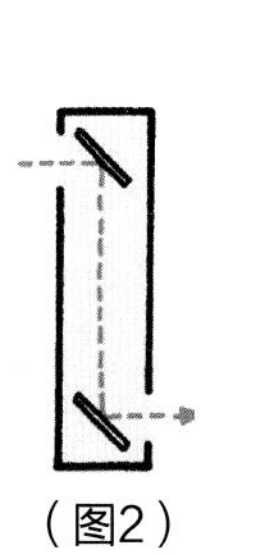
（图2）

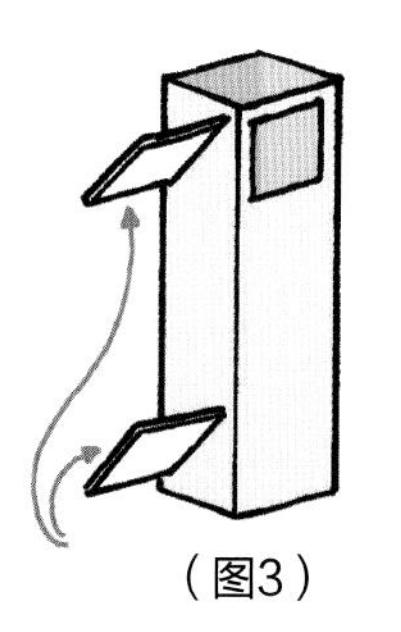
（图3）

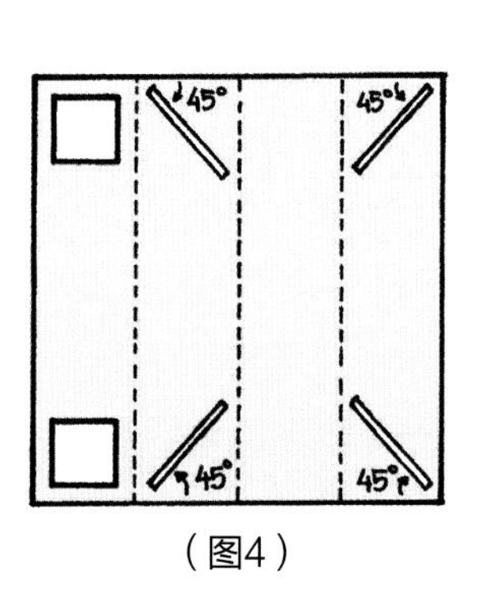

（图4）

实验原理：

光沿直线传播，碰到可以反射光的物体，它则改变方向。光遇到上面的镜子，改变了传播的方向，往下传播，再遇到下面的镜子，又发生反射，景象便能进入你的眼中。

实验拓展：

做一个可以看到你身后的潜望镜。图4已标出放置镜子所需的方向。

没有镜片的放大镜

你能想象得到有这样的放大镜，它不需要玻璃镜片，仅仅使用一个小小的洞，就能够放大东西吗？我们一起来试试吧。

所需材料：

- 薄纸片一张
- 大头针一枚

实验操作：

1.用纸片做一张小卡片。

2.用大头针在中间戳一个洞。

3.拿着纸片靠近书本，从洞里看字。

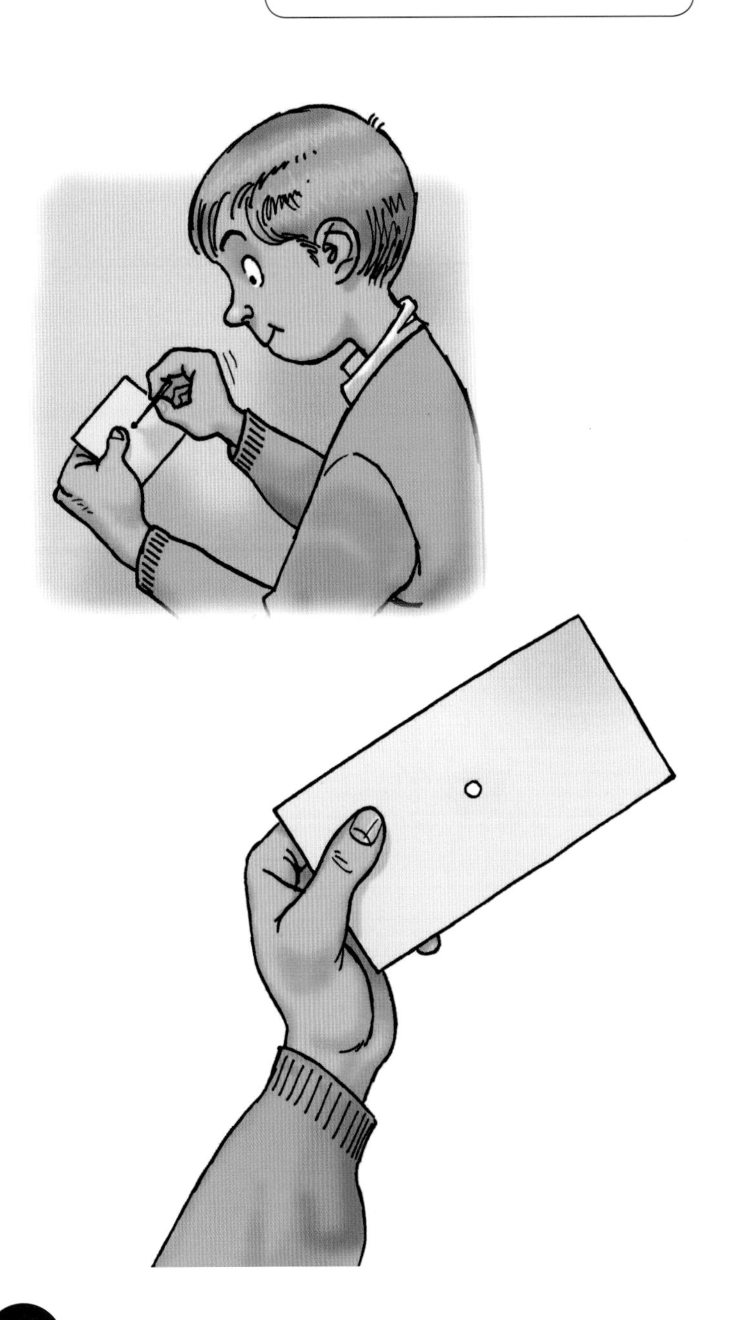

实验现象：

字会变得更大、更清晰。

实验原理：

小洞就像是放大镜里的镜片，能够在我们通过它看其他东西时，使物体变大。

电影

我们一起制作一个迷你“电影放映机”，来看看它是怎么操作的。

所需材料：

- 卡纸一张
- 大头针一枚
- 线两条
- 铅笔一支

实验操作：

1.从卡纸上裁出一个圆片。

2.圆片的一面画一个空笼子，另一面画一只鸟（要上下倒转）。

3.用大头针扎两个小孔，用线穿过小孔，绑紧。

4.抓住线绕几次圈，然后拉开线，使得圆纸片旋转。

实验现象：

我们会看到鸟像是在笼子里。

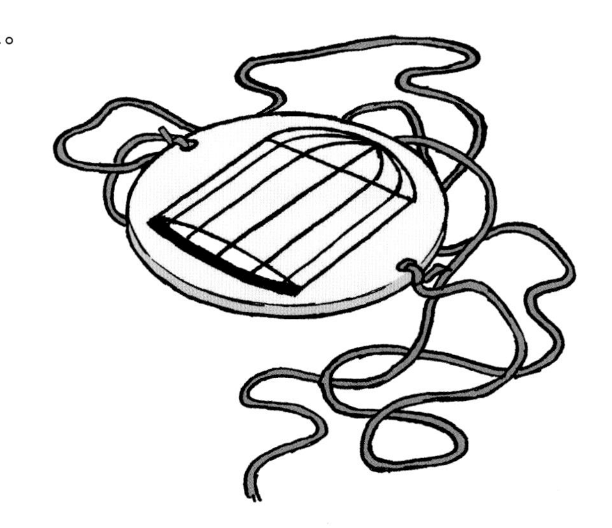

实验原理：

你所看到的景象是眼睛“偷懒”造成的结果，虽然物体已经消失，但我们的眼睛里仍对它有一秒的投像。笼子图像出来时，鸟的图像仍然逗留在我们的视觉中。由此，两图合并一起，形成了一张有鸟在笼子里的图像。

纸映画

这次我们做另外的“动图”实验，但这次会复杂一点。

所需材料：

- 纸若干张
- 铅笔一支
- 复写纸若干张
- 订书器一个

实验操作：

1.画一幅简单的风景画，使用复写纸，画出至少12张大小相等的“复印件”。注意在左手边留出较宽的空白处。

2.在第一张画里画上太阳高高挂在天空，在后面的画中，依次降低太阳的高度，最后一张的画中，太阳要落到地平线以下。

3.小心地将画叠整齐，沿着空白处，钉上订书钉。

4.拿着小册子的边，快速地翻阅。

实验现象：

你会看到太阳在天上慢慢落山。

实验原理：

我们的眼睛对图片会有一秒的投像，如果图画翻阅得足够快，它们会合并成一幅长图，我们就能看到当图片是动态时，它们之间的不同。

照相机原理

照相机是一个可以用胶卷或者其他感光介质形成照片的盒子。胶卷含有可以把照片保存很长时间的化学物质。下面的实验，我们来了解一下照相机的原理。

所需材料：

- 密封的小盒子一个
- 半透明的纸一张
- 剪刀一把
- 大头针一枚
- 胶布若干

实验操作：

1. 将小盒子的一个面剪下来。
2. 用胶布将半透明纸粘到缺失的那面上。
3. 在半透明纸相对的那面中点上用大头针扎一个小孔。拿起盒子，小孔对着窗户，慢慢来回移动。

实验现象：

你会看到窗户倒转的图像。

实验原理：

我们已经知道，光沿直线传播。从窗户过来的光穿过了小孔再碰到半透明的纸时，在底下的光到了纸的上面，而那些本在上面的光，则到了纸的下方，于是你会看到窗户倒转过来的图像。

实验拓展：

1. 放大小孔。图像会变得更亮，但也更模糊。你可以拿起放大镜放在小孔前面试着提高清晰度。图像会马上变暗，所以最好给你的“照相机”配置一个灯泡。
2. 将半透明纸覆盖在空罐头的开口处，并用橡皮筋绑紧。在纸的中间扎一个直径1~1.5毫米的小洞。将有纸那面的罐头对着一个燃烧着的蜡烛，来回移动，直至蜡烛的倒置图像出现在纸上。

你能看到蜡烛吗？

这个实验会告诉你，光沿直线传播。

所需材料：

- 卡纸两张
- 蜡烛一根
- 铅笔一支
- 尺子一把
- 小刀一把

实验操作：

在卡纸上裁出两条缝，如图所示放好。

实验现象：

只有当蜡烛、缝隙和你的眼睛在同一直线上时，我们才能看到蜡烛的火焰。

测量树的高度

根据光沿直线传播的原理，要想算出树的高度，我们先用它的影长乘以垂直于树干的木棍的高度，乘积除以木棍的影长，得出的商即树高。

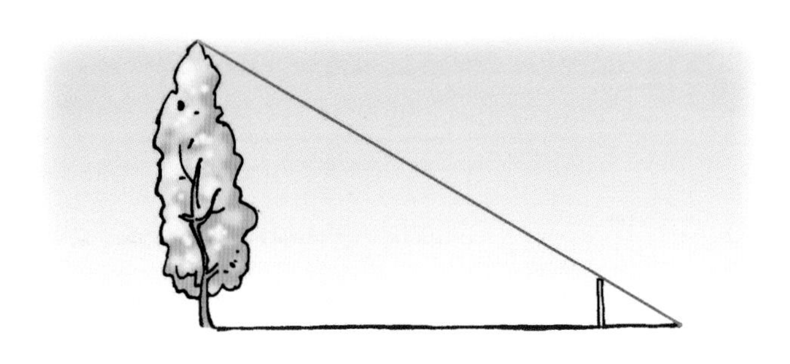

影子游戏

根据光沿直线传播的原理，你可以用手挡住电灯、蜡烛或是太阳的光线，来摆出有趣的影子图案，如图为例。

锡罐相机

根据光沿直线传播的原理，同样可以解释相机形成的倒立影像。我们一起来看看吧。

所需材料：

- 一端开口的锡罐（或薯片盒）一个
- 半透明纸一张
- 橡皮筋一根
- 长钉一根
- 蜡烛一根

实验操作：

1.把半透明纸铺在锡罐开口的一端，再用橡皮筋系紧。

2.使用长钉，在锡罐另一端扎一个小孔。

3.把有小孔的一端对着点燃的蜡烛。

实验现象：

你会看到在半透明纸上，有蜡烛的倒立影像。

它真的在燃烧吗?

你能做一根不用点燃就会自己燃烧的火柴吗?

所需材料:

- 空火柴盒两个
- 火柴两根
- 小玻璃片一块
- 橡皮筋一根

实验操作:

1.把玻璃片夹在两个火柴盒的中间。

2.用橡皮筋把它们捆紧,然后把火柴夹到火柴盒里。

3.点燃其中的一根火柴,透过玻璃片看对面。

实验现象:

我们可以看到对面的一根没有被点燃的火柴也像被点燃了一样。

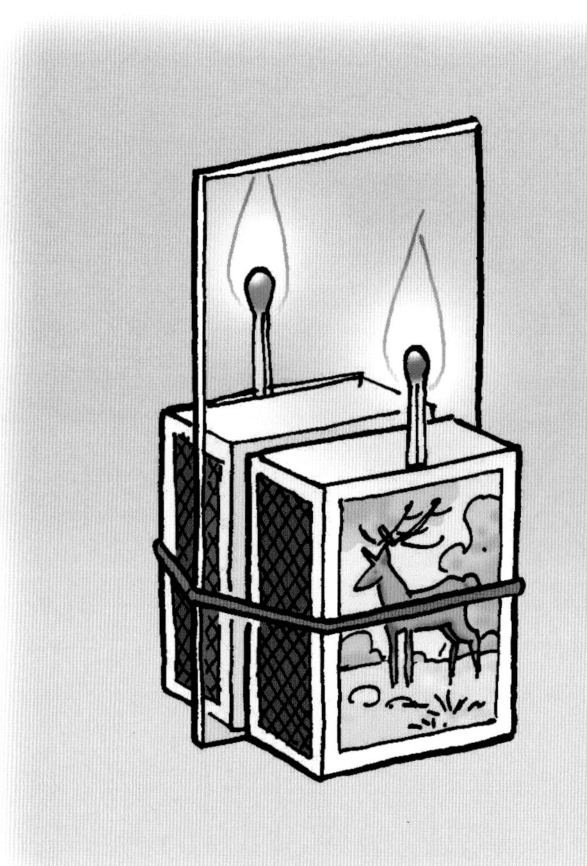

实验原理:

由于光的反射,所以另一根火柴也像被点燃了一样。

水中燃烧的蜡烛

在这个实验中，我们会看到物体和它在平面镜中的映像。

所需材料：

- 相似的短蜡烛两根
- 玻璃一块
- 水一杯

实验操作：

1.两根蜡烛距离20厘米，玻璃垂直放到它们之间。可以找东西固定住玻璃，以防其摔碎。

2.选其中一根蜡烛放到装了水的杯中，杯子放回蜡烛先前所在地。

3.点燃另外一根蜡烛。

实验现象：

当你透过玻璃看向对面时，你会看到杯中的蜡烛在水里燃烧。

它会不会突然出现?

在硬币、观众跟围挡物都不移动的情况下，本来隐藏起来的硬币便会突然出现，像是变魔术一样。

所需材料:

- 玻璃罐一个
- 硬币一枚
- 水若干
- 纸一张

实验操作:

1.用纸片做一个围挡物。

2.把硬币放在玻璃罐里，用围挡物把玻璃罐围起来。

3.找到一个可以看到玻璃罐顶部，却看不到硬币的合适位置。

4.慢慢地往罐里加水。

实验现象:

当水装满罐子时，硬币会慢慢出现。

实验原理:

由于光的折射，你才得以看见硬币。

手指眼镜

这个实验近视的小朋友们做起来效果更加明显。

实验操作：

1.弯曲食指和拇指，做成如图所示的小开口。

2.往小洞里看，远处的物体会变得清晰一些。

实验原理：

小洞里的空气像是一个能够矫正视力的镜头，使得图像直接进入眼睛里的黄斑区。

凸面镜和凸透镜

当来自物体的光线照射到平面镜或穿过透镜时，它们会形成图像。但是，凸面镜会形成什么图像，凸透镜又会形成什么图像呢？

所需材料：

- 球形玻璃瓶一个
- 蜡烛一根
- 水若干

实验操作：

1.往玻璃瓶里加水，把它放在点燃的蜡烛和墙壁之间。

2.移动玻璃瓶，直至看到清晰的图像。

注：本实验在黑暗的房间里进行。

实验现象：

你会看到瓶子里有蜡烛的缩影，它们都是正立的，但在墙壁上，我们却看到蜡烛倒立、放大的图像。

实验原理：

瓶子的形状像一面凸面镜，映射着物体的缩小图像。瓶子里面的水，起到了凸透镜的作用，使得墙上出现上下左右倒转的图。

忙碌的铁匠

虽然动图是由一系列静止的图片组成的，但它仍能给我们运动着的感觉。我们一起来看看吧。

所需材料：

- 小纸片两张
- 铅笔一支

实验操作：

1.在两张纸上画两个一样的铁匠。

2.其中一张纸上的铁匠举着锤子，而另外一张铁匠的锤子砸向铁砧。

3.叠起两张纸，铁匠举着锤子的纸在上方，用铅笔卷起上面的那张纸滚来滚去。

实验现象：

当你快速地前后滚动铅笔时，看上去，就像是铁匠在打铁。

实验原理：

视觉后像是指在物体消失后，眼睛仍能在很短时间内看到它的现象。当你看到铁匠举起锤子时，你的眼睛里仍然短暂保留着上一张它锤向铁砧的画面。由此，两张图便融合在一起，具有连贯性。

绿色也并不总是绿色

所需材料：

- 手电筒一个
- 彩色（红色、蓝色、黄色和绿色的）玻璃纸或玻璃若干
- 不透明的绿纸一张

实验操作：

1.在黑暗的房间中，将覆盖着红色玻璃纸或玻璃的手电筒打开，照在绿纸上。

2.将红色玻璃纸换成黄色、蓝色等，重复实验。

3.换上绿色玻璃纸，再重复实验。

实验现象：

绿光照在绿纸上时，纸会变得非常绿。但是，在前面的几次实验中，绿纸却并不是绿色的，甚至变得完全看不到。

实验原理：

纸是绿色的，是因为它反射绿光，而且会吸收其他颜色的光。

实验拓展：

做纸眼镜，如图所示：将绿色玻璃纸放在一个镜框内，而红色的放在另一个镜框内。由于颜色的互补性，当你戴上这副眼镜时，看到的东西都是棕色的。

颜色混合

白色包含光谱里所有颜色的光。两种颜色混合会变成第三种颜色。

所需材料：

- 纸片一块
- 黄纸和蓝纸各一张
- 线若干
- 剪刀一把

实验操作：

1.将纸片剪成圆形。

2.把黄纸和蓝纸分别粘在圆纸片的两面。

3.在圆纸片的边缘相对着的地方，扎两个孔。

4.如图所示，把线穿过小孔后，拿着线的末端。

5.旋转线使得纸片转动。当纸片转动时，你会看到什么颜色呢?

实验现象：

你会看到绿色。

实验原理：

当你旋转圆圈时，你的眼睛会在颜色消失后保留一小会儿颜色的印象，颜色会融合在一起，形成绿色。

实验拓展：

裁另外一个圆纸片，在靠近圆心的地方扎两个小孔。如图所示，将四等份的红纸和蓝纸贴在圆纸片上。旋转线，然后向两边拉开，使得纸片转动。你又会看到什么颜色呢?

日晷

影子是由于物体遮住了光的传播，不能穿过不透明物体而形成的。在下面的实验中，我们将会利用影子来计时。

所需材料：

- 木条一根
- 纸一张
- 签字笔一支
- 表一个

实验操作：

1.将木条直立置于纸上，然后将它们放到阳光照射处。

2.每隔一小时画出阴影的位置，并把当时的时间记录下来。你做的便是一个日晷——最早的计时工具之一。

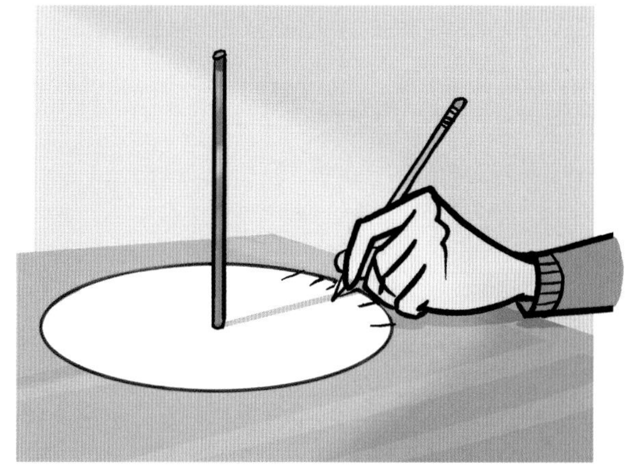

实验拓展：

你可以将木条钉在向阳的墙上，这样也可以用它的影子来看时间。

光线反射

当光线到达物体上时会遵循一定的规律进行反射。我们一起来看看吧。

所需材料：

- 平面镜一面
- 量角器一把
- 纸片一块
- 蜡烛一根

实验操作：

1. 如图所示，在纸片的中间裁下一条缝，折叠两端，使其直立。然后将蜡烛放在它的一边。
2. 把量角器放在纸片的另外一边，上面直立放平面镜。
3. 点燃蜡烛，观察光线，并画下它们反射到纸片上的位置。
4. 纸片向侧面移一点。
5. 记录入射角和反射角。
6. 比较两次的角度。

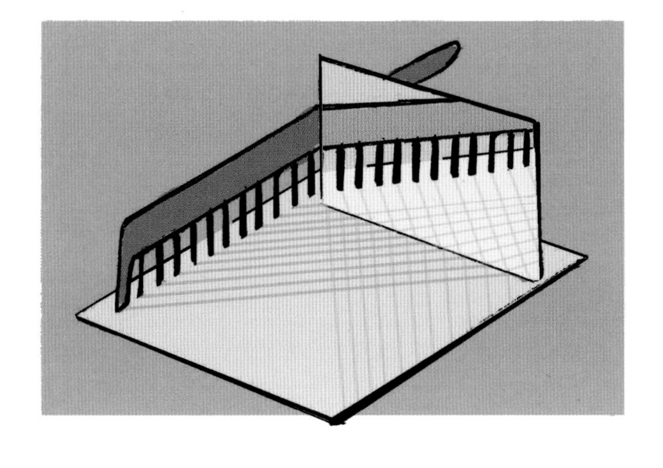

实验现象：

比较角度，你会发现它们是相等的，这也证实了光反射的定律。

实验拓展：

如图所示，把梳子放在纸上，使其产生投影。把小镜子垂直放在梳子旁。比较光线入射角和反射角。

悬浮

平面镜还能用来搞怪，我们一起来看看吧。

所需材料：

- 大镜子（墙镜或门镜）一面

实验操作：

1.站在镜子的边缘，使得其照出你的半身。

2.抬起你的右脚（或左脚）。

实验现象：

人们会看到你悬浮在半空中，利用其他的镜子，你也可以看到。

实验原理：

根据光反射的原理，镜子里的影像有对称性。

弯曲光线

我们知道光沿直线传播，但是它会弯曲吗？我们一起来看看吧。

所需材料：

- 带盖塑料瓶一个
- 手电筒一个
- 可弯曲的透明细管一根
- 橡皮泥若干
- 胶带若干
- 水若干
- 剪刀一把
- 空容器一个
- 布一块

实验操作：

1.往带盖瓶子里装水。
2.用剪刀在瓶口扎一个洞，把细管穿进去。
3.用橡皮泥密封瓶口。
4.用胶带把手电筒粘在瓶底。
5.除了吸管，用布把整个装置包住。
6.用布包好后，先不打开手电筒。
7.倾斜装置，使水从细管流出。
8.打开手电筒。

实验现象：

水流动的时候，细管发光。

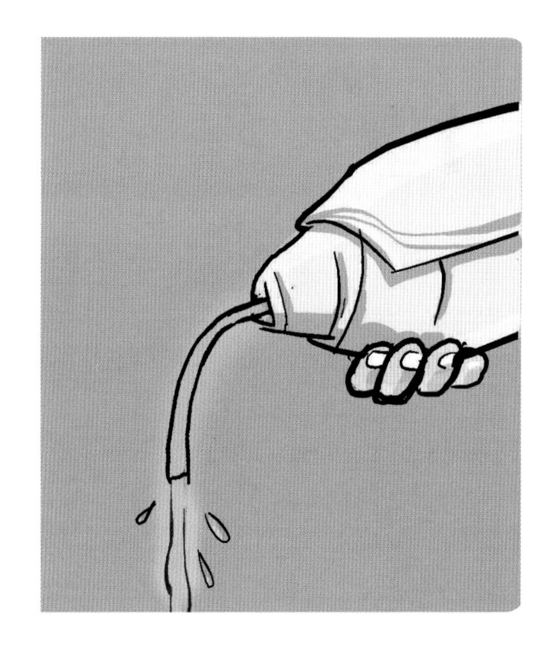

实验原理：

水流会发光，这是因为水流动时，光线以“z”形沿着管壁反射，使我们看到光线弯曲。这种现象为全反射。

“分身有术”

平面镜可以用来做很多实验，以下便是其中之一。

所需材料：

- 书两本
- 与书等大的平面镜两面
- 橡皮筋两根
- 铅笔一根

实验操作：

1.用橡皮筋把书和镜子捆一起。

2.把书本直立放置，两面镜子相对。

3.铅笔放在书中间。

4.如图所示，看其中一面镜子。

实验现象：

你会在镜子里看到很多支铅笔。

实验原理：

铅笔的光线从一面镜子反射到另外一面，这个过程要进行好几次，才会到达你的眼睛。

照镜子

所需材料：

- 墙镜一面
- 手持镜一面

实验操作：

1.在墙镜前站着。

2.拿着小镜子，呈锐角把它放在大镜子旁。

实验现象：

这两面小镜子（一面是你手里拿着的，一面是它在大镜子里的映像）可以帮你照出你的正像，而不是反像。用同样的方法照出文字吧。

实验原理：

映射在墙镜上的反像，由于被手持镜再次反射，变成了正像。由此，两面镜子都可以照出正确的图像。

水透镜

所需材料：

- 房子的图画一张
- 透明玻璃瓶一个
- 水若干

实验操作：

1. 请一位朋友帮你把图画直立，并举在装满水的玻璃瓶后面。
2. 移动图画，直到图画变得清晰。
3. 直接通过玻璃瓶看图像。

实验现象：

从玻璃瓶里看到的房子更大，玻璃瓶变得像放大镜一样。

实验原理：

瓶子的圆柱形使得里面的水像是凸透镜，由此，图画里的房子就变大了。

水杯误像

所需材料：

- 大玻璃杯两个
- 小玻璃杯一个
- 勺子三个
- 水若干

实验操作：

1.往水杯里装满水。

2.将它们如图所示放置在桌上。

3.每个杯子里放一个勺子。

实验现象：

勺子柄很正常，但是在水里面的勺子看上去像断了一样，在小杯子里你甚至还能看到两个勺子。看上去就像是大杯子里的勺子游到了小杯子里一样。

实验原理：

光的折射使勺子看上去像断开了一样。杯子里的水像透镜，使水里的勺子看上去变得更大。左边大杯子里的勺子成像在小杯子里。在本次的实验中尽量用高的杯子。

万花筒

平面镜被用于很多装置中，其中之一便是万花筒。下面做一个万花筒吧。

所需材料：

- 卷纸芯一个
- 纸片一张
- 相同大小的平面镜或平面玻璃三块
- 不同颜色的小玻璃片若干
- 透明的厚 PVC 片或玻璃片若干
- 胶带若干
- 剪刀一把

实验操作：

1. 把镜子（玻璃）黏合成三棱镜①。
2. 用纸片做一个环形的筒盖②，将它和三棱镜的一端粘在一起③。
3. 把三棱镜插进芯筒里。
4. 透明片粘在芯筒的另一端④。
5. 做一个宽一点的短芯筒，同样把透明片粘好⑤。
6. 把小玻璃片放到短芯筒里，然后把它推进长芯筒中，用胶带贴合，使得玻璃片可以在里面自由移动。
7. 对着有光的地方看万花筒的小孔，慢慢旋转芯筒。

实验现象：

你可以看到很漂亮的图案，当你旋转芯筒时，图案还会变化呢。

实验原理：

小玻璃片在三棱镜里被反射了很多次，最后形成图案。

注意：

图中万花筒的数值以毫米为单位。

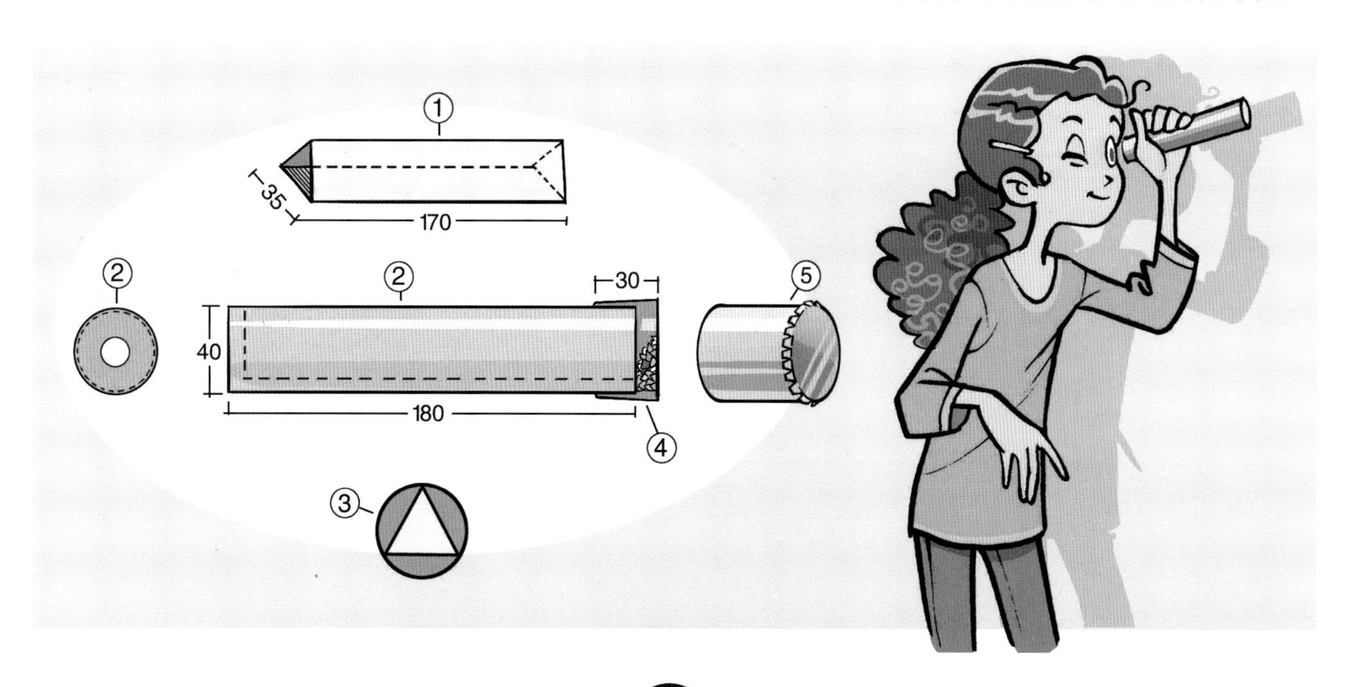

小小家庭影院

下面的实验教你怎样用最简单的方式，在家里观看动画片。

所需材料：

- 纸片一块
- 画着物体运动的纸带
- 剪刀一把

实验操作：

1.在纸片的中间，按照图片的大小，剪一个长方形的洞。

2.纸带放在长方形洞后面，快速抽拉。

实验现象：

图画里的物体会动起来。

实验原理：

视觉后像，即图片消失后，仍短暂停留在我们的视觉中的现象，使我们产生错觉。连续的图像彼此融合，由此形成动图。

找盲点

所需材料：

- 如图所画的纸片一条

实验操作：

1. 把纸片放在刚好离你眼睛38cm远的地方，闭上左眼，用右眼留意“x”。
2. 慢慢将纸片往眼睛靠近，直到方块和黑点相继看不见。
3. 仍然慢慢拉近纸片，直到方块和黑点又再出现。

实验现象：

方块图案如果落在盲点，我们看不到。黑点图案也是一样。

实验原理：

盲点没有光觉细胞，所以不能感应光。换句话说，它不能把光转换成神经冲动。黄斑则完全相反，是视网膜上最敏感的区域。

人造彩虹

我们总说“不见风雨，怎见彩虹”，但其实没有雨，我们也可以造一道彩虹出来。

所需材料：

- 玻璃杯一个
- 有约1厘米的缝的纸片一张
- 白纸一张
- 水若干

实验操作：

1.杯子装水，放到纸上。

2.纸片对着杯子摆放，纸片中的缝隙与桌面保持垂直。

3.把这个装置置于阳光照射处。

实验现象：

纸上会出现一道彩虹。

实验原理：

水在此时充当棱镜，把太阳光分解成了彩虹的颜色。

箭头的方向

玻璃杯装满水后，竟然会骗人，这究竟是怎么回事？我们一起来看看吧。

所需材料：

- 玻璃杯一个
- 水一杯
- 画了箭头的纸一张

实验操作：

1.画了箭头的纸，放在距离杯子10cm远的地方。

2.透过玻璃杯看纸，看看箭头指向。

3.水倒入杯子里，这时，箭头又指向哪呢?

实验现象：

水位比箭头高时，箭头指向相反方向。

实验原理：

由于光的折射，箭头方向改变了。装满水的玻璃杯在此时相当于凸透镜，它折射了光线，反转了箭头的图像。

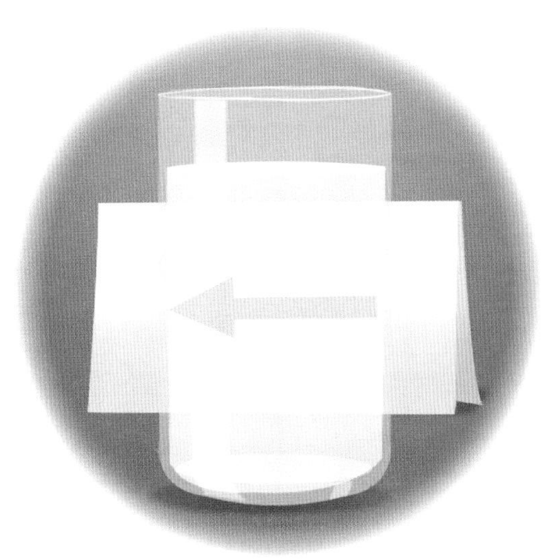

眼睛如何看东西?

你所看到的物体的图像，会穿过瞳孔和晶状体，落入视网膜。接下来，我们一起来做个实验，方便大家理解。

所需材料：

- 放大镜一个
- 纸一张

实验操作：

1. 在距离窗户2m远的地方举起放大镜，请你的朋友在距你身后2m远的地方举起纸。
2. 看着纸张调整放大镜的位置，直到投射的图像变得清晰。

实验现象：

移动放大镜时，最终会在纸上得到清晰的图像。然而，当你想要仔细欣赏上面的风景时，你会发现，图像竟然是倒转的。

实验原理：

光沿直线传播。而在这个实验中，窗户的光线照到放大镜上。由于放大镜的折射，本在下面的光线，投射到了纸上。视网膜上的投像同样是倒转过来的，但我们的大脑纠正了它，所以我们才能看到正确的图像。

清楚还是模糊?

仔细观察一张照片，你会发现有的地方很清楚，有的地方却很模糊。做个实验，看看为什么会产生这样的效果。

所需材料：

- 卡纸做的管两根（一根比另一根稍宽）
- 描图纸一张
- 箔纸一张
- 蜡烛一根
- 针一根
- 胶水若干

实验操作：

1.将宽管底部用箔纸包住，然后在中间扎一个小孔。

2.将描图纸贴在窄管底部，然后把窄管塞入宽管里。

3.点燃蜡烛，用管对准。你在描图纸上，会看到什么呢?

4.窄管前后调整，直到你可以看到蜡烛的清晰图像。

实验现象：

描图纸上有蜡烛的投影。调整窄管的位置，投影的清晰度会改变。

实验原理：

蜡烛光线穿过宽管的小孔，落在描图纸上。图像的清晰度，取决于眼睛和描图纸的距离。通过调整窄管，你会找到适合你眼睛观看的距离。

在一定的距离内，照相机照出来的近物会很清晰，但远方的物体则会显得略微模糊。

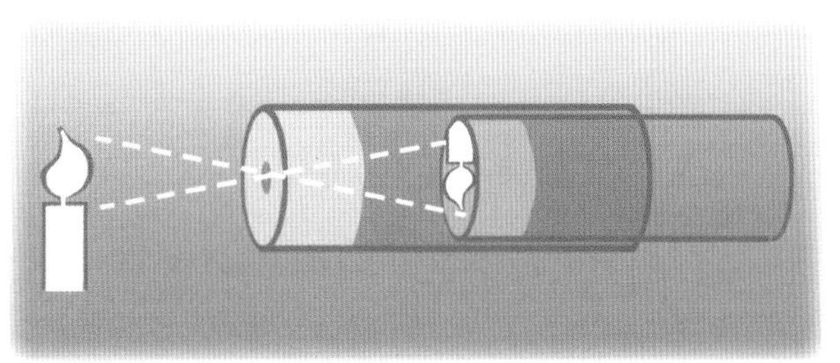

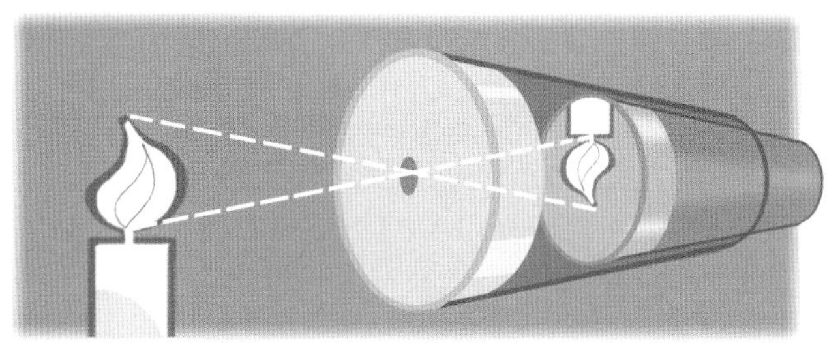

断绳子

不直接接触，就能弄断绳子，听起来像是天方夜谭。但下面的实验，可以帮你做到。

所需材料：

- 放大镜一个
- 水瓶一个
- 绳子一根
- 树枝一根

实验操作：

1.用绳子系紧水瓶，吊在树枝上。

2.在绳子和太阳光中间，举着放大镜，确保太阳光穿过放大镜直接射在绳子上。

3.等待，看看会发生什么。

实验现象：

过了一会儿后，绳子燃烧，瓶子掉落。

实验原理：

太阳的强光通过放大镜，然后聚焦照在绳子上产生高温，点燃绳子。

瓶子里的凹面设计，同样充当放大镜的作用。所以，水瓶放在有阳光直射的干柴枯叶上时，可能会引发火灾。

羽毛棱镜

如果你无意中找到一根鸟的羽毛，先不要扔掉。因为你可以用它当作光学设备来分解光。

所需材料：

- 羽毛一根

实验操作：

1.把羽毛放在强光源下。

2.观察穿过它的光。

实验现象：

就像是棱镜一样，从羽毛上，也可以看到光的光谱。

实验原理：

羽毛上有很多的小孔（缝隙）。当光线穿过羽毛的缝隙时，里面的气泡就像棱镜一样，分解光的颜色。由于里面的气泡排列得很紧密，它们的色谱也会聚集在一起，看上去，就像是棱镜分解光谱一样。

看看CD的背面，你可以看到光谱，它们的原理是一样的。光穿过塑料中的小缝隙，折射出来的颜色也聚集在一起，从而形成多色光谱。

左右眼看事物

用两只眼睛看东西时，看到的图像是三维的。两只眼睛看到的事物角度稍稍不同，得到的图像也会不同。我们一起来看看吧。

所需材料：

- 纸一张

实验操作：

1.把纸卷成管状。

2.把纸管放在左眼前。闭上右眼看纸管。

3.闭上左眼，用右眼看纸管外面的景色。

4.轮流单眼看事物。

5.睁开两只眼睛，看着举起纸管的手。

实验现象：

当你用一只眼睛看纸管时，你会看到圆圆的小小的图像。当你用另一只眼睛看时，会看到整个空间和你的手。在轮流单眼看完物体后，张开两只眼睛看右手时，会觉得手里有一个洞。

实验原理：

左右眼获得的图像不一样，图像结合时，产生错乱，所以我们会看到手上有一个洞。

盲区

眼睛是视觉器官。但是在眼睛里，有一个地方，没有感觉细胞，这就是盲区。你可能会觉得很神奇，因为你明明能够看到所有在你身边的东西。那我们一起来看看，盲区是否真的存在。

所需材料：

- 纸一张
- 蜡笔两支

实验操作：

1.在纸上相距15cm处，用红蓝笔各画半径为3cm的圆。

2.闭上右眼，用左眼看蓝点，慢慢把纸与眼睛的距离缩短。

实验现象：

在某一位置上，我们就看不到红点了。但如果你继续缩短纸和眼睛的距离，红点又会重新出现。

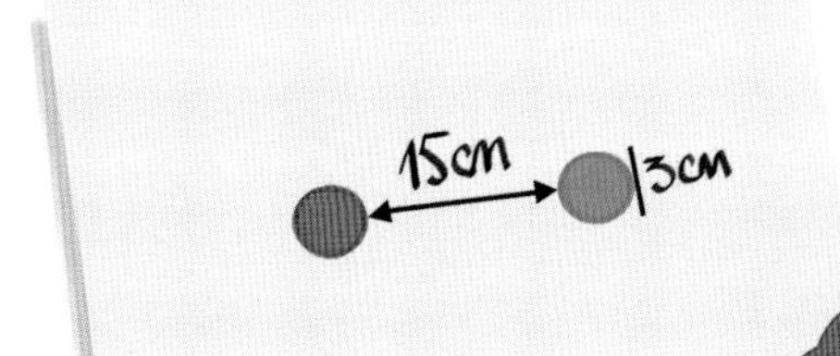

实验原理：

红点落入盲区时，我们就看不到它了。但是移动纸张时，图像会投射在眼睛里的其他地方，所以又能看到它了。

如果我们用两只眼睛一起看这张纸，这些圆并不会消失不见。由于双眼分开，所以，眼睛得到的图像会稍微不同。一只眼睛看不到的地方，另一只眼睛可以看到。但用两只眼睛，我们全部东西都能看到。

瞳孔为什么会变大变小?

瞳孔里有虹膜。这里的肌肉与光反应，控制瞳孔的大小。我们做个小实验，看看在强光和弱光下，我们的瞳孔会有什么变化。

所需材料:

- 镜子一面
- 电灯一盏

实验操作:

1.天色变暗后，先不要打开电灯。

2.眼睛适应了黑暗之后照镜子，看看瞳孔有什么变化。

3.打开电灯再看镜子，你会发现瞳孔变小了很多。

实验现象:

在黑暗环境中，瞳孔会扩大。在强光下时，瞳孔会缩小。

实验原理:

光线变强时，眼部肌肉扩大虹膜，从而收缩瞳孔，使得进入眼睛里的光线量变少。光线变弱时，则产生相反的反应。

消失的硬币

由于光照在物体上后，反射到我们的眼睛里，所以我们才能看到身边的物体。下面的实验，我们一起来看看吧。

所需材料：

- 水一杯
- 硬币一枚

实验操作：

1. 用玻璃杯压着硬币，透过玻璃杯的侧壁观察硬币。

2. 往水杯里加水，在同一地方看硬币。

实验现象：

往水杯里加水后，硬币“消失不见”了。

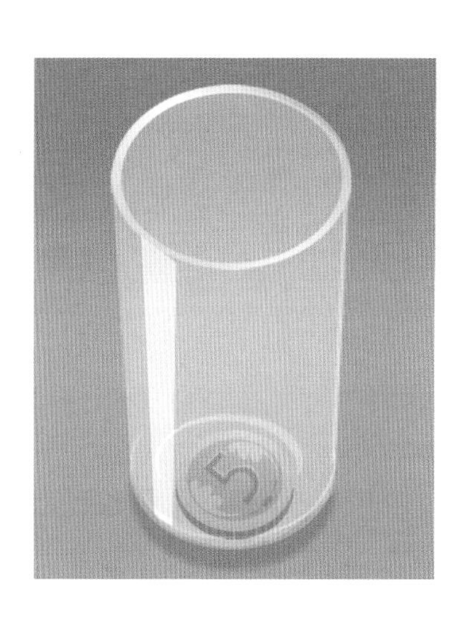

实验原理：

光沿直线传播。水杯里的水使得硬币的光折射，所以，在同一位置上，你会觉得硬币消失了。

实验拓展：

把小玻璃杯放到大玻璃杯中后往小杯里加水，在水溢到大杯里的某一个位置上时，小杯仿佛消失了，也是因为水的折射。

旋转的风车

为了证明白色是彩虹七色的集合，我们可以做一个小风车，扇叶上涂上彩虹的颜色。

所需材料：

- 正方形纸板一张
- 七色蜡笔（红、橙、黄、绿、蓝、靛、紫）各一支
- 剪刀一把
- 木棒一根
- 大头针一枚
- 塞子一个

实验操作：

1. 纸片两边都要涂上颜色。如图1，纸片的一边涂上红色、靛色、绿色和黄色。如图2，纸片的另一边与红色相对的地方涂上紫色，靛色相对的地方涂上蓝色，绿色相对的地方涂上黄色，黄色相对的地方涂上橙色。
2. 如图3，从纸板四个角开始朝中点剪纸，但注意不能剪断。
3. 如图4，把剪开的纸角朝中点轻轻卷起，用大头针穿过风车后面的塞子固定好。
4. 如图5，把大头针插在木棒上，就可以拿出去吹风了。

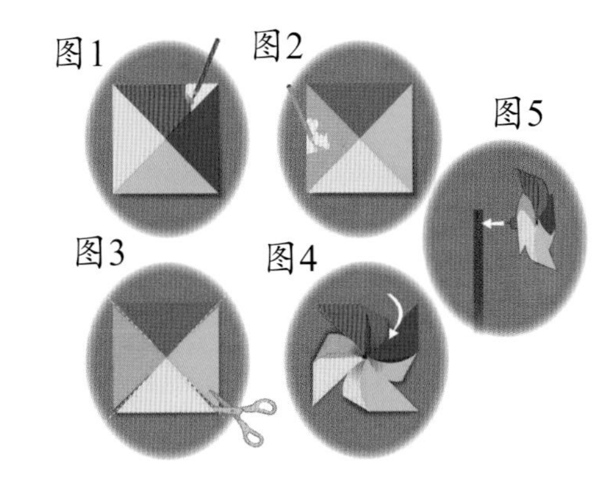

实验现象：

风吹后，风车会旋转起来。旋转着的风车，颜色逐渐消失，最后变成了白色。

实验原理：

风车旋转时，颜色也在快速转动，最终合并，进入我们的眼睛，所以我们看到的是七色的组合，由此会觉得风车是白色的。

消失的颜色

三原色是指红、黄、蓝三色。看下图，看看两种原色混合，会产生什么颜色。然后，我们一起来试试，如果再混合一种原色，那颜色又会有什么变化呢？

所需材料：

- 纸片一块
- 绳子两根
- 彩纸若干

实验操作：

1. 在纸片上扎两个孔，孔中各穿一根绳子。
2. 在纸片的一边随意贴一种原色，另外一边，则贴上另外两种原色的混合色。
3. 快速转动纸片，观察颜色的变化。

实验现象：

纸片看上去像是白色。

实验原理：

次生色是由两种原色混合而成的，当我们再用第三种原色与之混合时，会看到它们变成白色。

变色花

做个实验，看看我们的眼睛跟这些颜色，会产生什么反应呢？

所需材料：

- 白纸一张
- 带颜色的图一幅

实验操作：

1.把白纸放在书本旁边，仔细留意图中的黑点30秒。

2.然后，眼睛再看白纸，看看会发生什么。

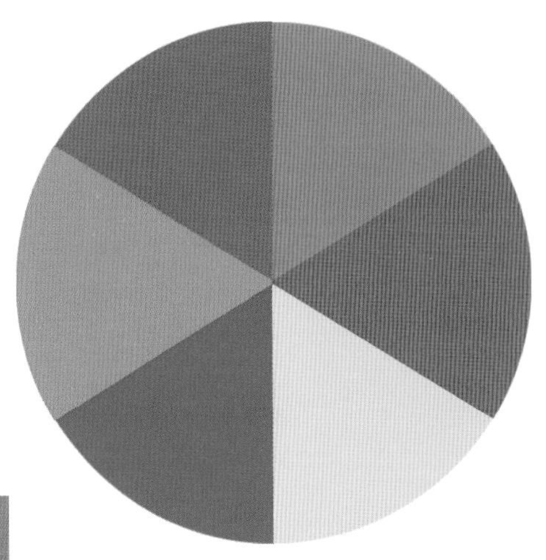

实验现象：

你会在白纸上看到花朵的图像，但是颜色却完全不同。

实验原理：

图片里的每种颜色都有它们的补色。当我们的眼睛疲于接收同样的光波时（一般是在盯着一样东西至少半分钟后发生的），再看向白纸，会看到一样的图像，但是纸上的颜色是原本图像的补色。

声

我们生活在有声的世界里。声音是由物体的振动产生的。声音的传播需要介质，固体、液体和气体都可以传播声音。声音不能在真空中传播。

声音怎么反射?

声音能够从墙面反射，就像是光能够从镜子上反射一样。我们一起来看看吧。

所需材料：

- 旧报纸两张
- 剪刀一把
- 胶布若干
- 机械表一块
- 扫帚（或长棍状物体）一把

实验操作：

1.用旧报纸将扫帚卷紧，用胶布粘紧后，把扫帚把抽出。

2.再做另外一根报纸管。

3.倾斜地拿着报纸管对着墙，如图所示，报纸管的一端对着表。

4.如图所示，另一个人将另外的报纸管的一端指向墙，而另一端靠近耳朵。

实验现象：

你的朋友会很清晰地听到表的滴嗒声。

实验原理：

声音穿过第一根报纸管，在墙上反射到第二根报纸管里，所以你的朋友就能清晰地听到表的滴嗒声。

实验拓展：

在不同的位置进行实验，看看是否有变化。

不用电的电话

声音能在空气里传播，但同样可以在液体跟固体中传播。通过下面的实验，我们来看看声音如何在固体中传播。

所需材料：

- 空酸奶胶杯两个
- 大头针一枚
- 长线一条

实验操作：

1.分别在杯子的中间扎小孔。

2.将长线穿进孔中，末端打结。

3.拉长线，把杯子放在耳边。

4.一个人像是用麦克风一样在杯子里说话，另一个人只需听。

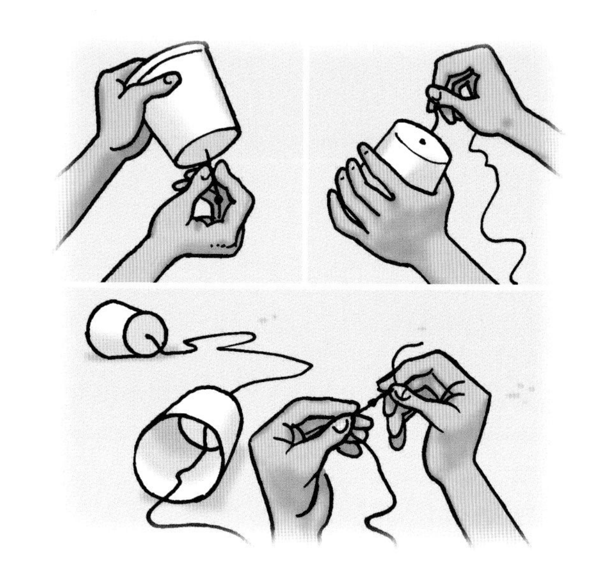

实验现象：

你能清晰地听到朋友的声音。

实验原理：

声音通过线，从一头传播到另外一头。

音乐瓶

用普通的玻璃瓶做科学实验。

所需材料：

- 完全相同的玻璃瓶 5~7 个
- 水若干

实验操作：

1.往瓶子里倒入分量不同的水。

2.从开口处往里面吹气。

实验原理：

由于瓶内包含的空气分量不一，吹出来的音调也各不相同。

实验现象：

你会听到瓶子发出不同的音调。

实验拓展：

用木制的或是金属制的棍子来敲打瓶子。比较一下吹瓶子跟敲瓶子的声音。

声音的传播与反射

所需材料：

- 塑料管或橡皮管一根
- 漏斗两个
- 碟子两个
- 会嘀嗒响的表一块

实验操作：

1.把表放在碟子上，盖上另一张碟子，拿起盖着的碟子，放在耳朵旁。

2.在塑料管或橡皮管两端各连接一个漏斗。

实验现象：

1.你能清晰地听到表的嘀嗒声。

2.你能听到心脏的声音和表的嘀嗒声。

实验原理：

因为声音能从盘子、管子通过，所以能听到你的心跳声和表的嘀嗒声。

不同的声调

线的粗细、长度、松紧度不同，弹线时的音调也不同。

所需材料：

- 钢线（或铁丝）一根
- 水桶两个
- 水若干
- 薄木板条两根

实验操作：

1.借助水桶，拉伸钢线并放在木板条上。

2.往水桶里加水，能够改变钢线的松紧度，你也可以试着改变木板条间的距离。

3.弹钢线。

实验现象：

松紧度或者距离的变化，都会使钢线发出不一样的音调。

橡皮筋乐队

所需材料：

- 厚木板一块
- 锤子一个
- 小钉子若干
- 橡皮筋六条

实验操作：

1.如图所示，把钉子钉在木板上。

2.在每对钉子间放橡皮筋。

3.用手指弹橡皮筋，你会听到不一样的声音。

实验原理：

橡皮筋受到力的作用振动发声。

声音作画

在这个实验中，你可以看到声音的“样子”。

所需材料：

- 空锡罐一个
- 半透明纸一张
- 沙子（或精盐）若干
- 漏斗一个
- 橡皮筋一根
- 长笛一个

实验操作：

1.在锡罐侧面开个刚好能放漏斗的孔。

2.把半透明纸铺在锡罐开口处，用橡皮筋扎紧。

3.在纸上撒一点儿沙子或是其他的粉末儿。

4.如图所示，把漏斗插进孔里。

5.朝着漏斗吹奏长笛。

实验现象：

沙子在纸上振动，显现出图案。

实验原理：

长笛的声音导致罐子里的空气产生振动，而振动又传递到纸上。然而，纸的表面得到的振动，并不是处处都一样的，所以，有些地方“弹走”的沙子较多，而有些地方较少。由此，形成了图案。

实验拓展：

1.用其他的乐器来重复实验，你会得到不同的图案。

2.如图所示，在木杆上放上金属片或玻璃片，在上面撒一些沙子，沿着边缘拉小提琴的弓子。你将会看到很漂亮的图案。

声音的图像

如果你想要看到声音的图像，那就来做下面的实验吧。

所需材料：

- 气球一个
- 剪刀一把
- 卷纸芯一个
- 橡皮筋一根
- 金属箔片一块
- 手电筒一个
- 胶水若干

实验操作：

1. 把气球剪开，紧紧套在卷纸芯的一端，并用橡皮筋捆紧。
2. 把剪成小块的箔片粘在气球表面。
3. 打开手电筒，如图放好，这样，你就能看到箔片把手电筒的光反射到墙上或是纸上。
4. 对着卷纸芯讲话，可以试试改变音调跟音量。

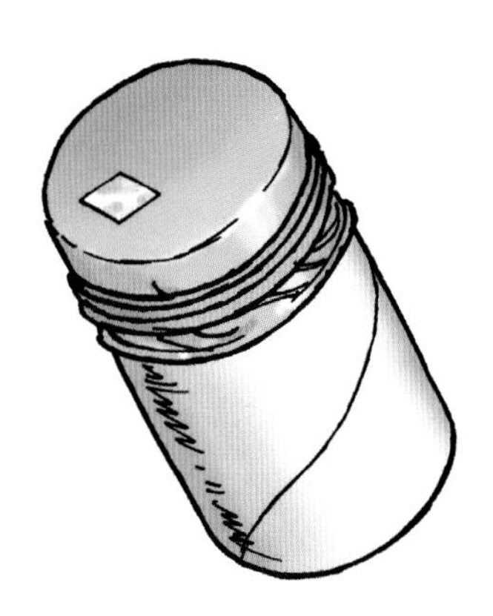

实验现象：

在光斑中，你可以看到直线和波浪线。

实验原理：

声音的振动导致卷纸芯里的空气振动，使得气球、箔片和反射的光也一起振动。所以，你便能看到它们在光斑中呈现直线和波浪线。

会叫的盒子

在这个实验中，你可以体验不同的声音效果。

所需材料：

- 空的纸圆筒或者金属圆筒一个
- 描图纸两张
- 线若干
- 木棒一根
- 胶水若干

实验操作：

1.用胶水把纸粘在圆筒的一端。在纸中央开一个孔，把线穿过去并打结，以防线被拉出来。

2.用胶水把纸粘在圆筒的另外一端。

3.线的一端系上木棒。

4.一手拉紧线，另一手拿着圆筒。用手指揉线，你会听到蛙鸣、雷声和刺耳的刹车声等声音。

实验现象：

摩擦导致线振动，通过线的传播，密封圆筒里的空气也一起振动了起来。使得圆筒像是一个共鸣箱，还能放大声音。

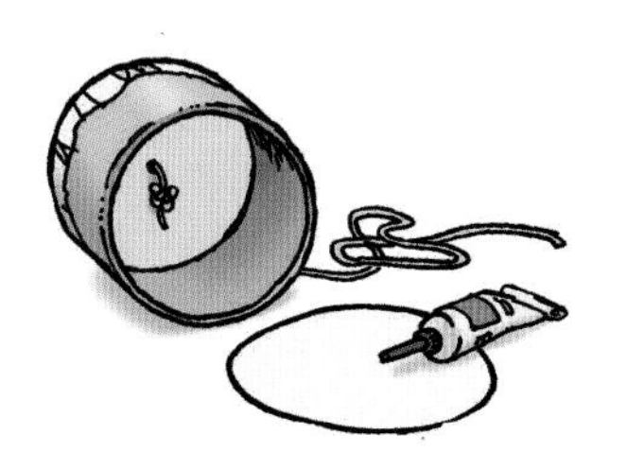

爆裂声

在这个实验里，你可以做出一种特别的声音。

所需材料：

- 剪刀一把
- 尺子一把
- 胶带一卷
- 边长为 12cm 的正方形纸一张
- 边长为 20cm 的正方形薄卡纸一张

实验操作：

1. 如图所示，在纸相邻的两条边上画出宽1.5cm的边。
2. 对角对折并沿虚线剪开，与摹线形成三角形。
3. 扔掉纸其他的部分。
4. 如图所示，卡纸对准摹线放好。
5. 沿着摹线把纸向内折，用胶带粘在卡纸上。
6. 对角折卡纸，把纸包在里面。
7. 紧紧地握着卡纸的一个角（非开口的角）。
8. 举高卡纸，再快速落下。伴随一声爆响，你会看到卡纸分开两边。

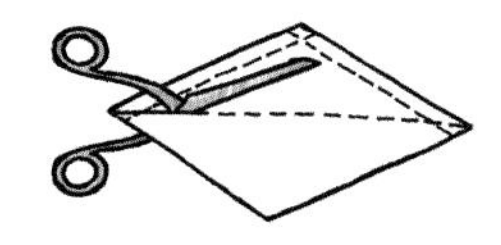

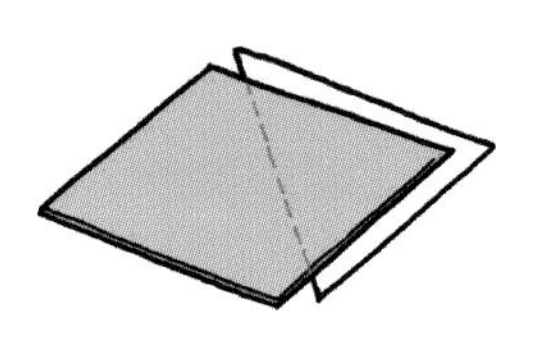

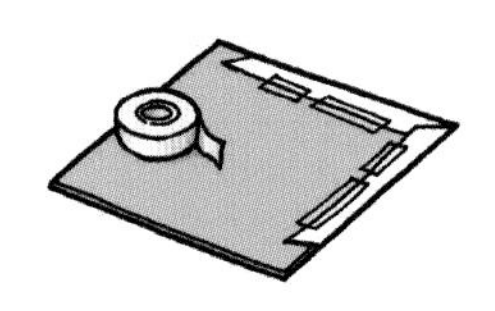

牧羊笛

牧羊笛是由不同长度的细管构成的乐器。演奏方式是往细管的末端吹气。

所需材料：

- 波浪形的卡纸一条
- 吸管（或细塑料管）八根
- 剪刀一把

实验操作：

1.剪吸管，使它们按照从短到长的顺序排列。

2.如图所示，把它们插入卡纸里。

3.往吸管的末端吹气。

实验现象：

不同的管有不同的音调。

实验原理：

当你往吸管的末端吹气时，里面的空气振动，产生特定的音调。吸管越短，里面的空气振动就越快，音调也就越高。吸管越长，里面的空气越多，所以振动就越慢，音调相对较低。

你可能会疑惑，如果一根管子能产生一种特定的音调，那么一根正常的笛子，为什么就能发出不同的音调呢?

由于笛子上面有很多孔，如果你把全部的孔都盖住，那么，吹的气就通过了整根笛子。而不盖住孔，也就代表你往笛子里吹气的距离缩短。所以，盖气孔和不盖气孔，会使得笛子发出不同的音调。

会唱歌的瓶子

我们一起来看看，一个瓶子怎样对另一个瓶子产生共鸣。

所需材料：

- 相同的瓶子两个

实验操作：

1.把瓶口放到耳朵旁边。

2.请你的朋友站在离你一米远的地方，往另外一个瓶子的瓶口吹气。

实验现象：

你会听到你的瓶子发出跟对方瓶子一样的音调。

实验原理：

一个瓶子里的空气振动导致另外的也一起振动。由此，两个瓶子发出的声音的音调相同，但是有一个的声音强度较低。我们称这种现象为共鸣。

小小挑战：

把两个水瓶放在同等高度上，朝着它们的瓶口吹气，同样也能产生共鸣现象。

钟声

这次我们来做平时不常听到的钟声吧。

所需材料：

- 一米长的线一条
- 叉子一个

实验操作：

1.把叉子系在绳子中间。

2.把两端的线在食指上绕几圈，然后用食指塞住耳朵。

3.摇晃叉子，使之击打硬物。

实验现象：

你会听到像是大钟敲响的声音。

实验原理：

叉子击打物体时，会产生振动。沿着线和手指，振动直接到达你的耳膜。

声音从哪里来?

闭上眼睛听声音，我们能很快知道声音从哪里来。但是，如果我们堵住一只耳朵，还能轻松找到声源的位置吗?

所需材料：

- 围巾

实验操作：

1.用围巾遮住眼睛，堵住一只耳朵。

2.请你的朋友安静地走到房间的另一端，然后发出声音。

3.猜猜声音从哪里来。

4.用两只耳朵一起听，重复实验。

实验现象：

堵住一只耳朵时，很难分辨出声源的准确位置。用两只耳朵一起听时，我们马上就能听出声音从哪里来。

实验原理：

靠近声源的耳朵听到的声音更早而且更响亮。正是这种细微的差别，才帮我们找到声源。

组乐队

很多物体都能够发声。找几个小伙伴，一起来组个乐队吧。

所需材料：

- 气球一个
- 有盖的塑料盒两个
- 麦粒一把
- 米一把
- 胶带若干
- 瓶子一个
- 鞋盒一个
- 大头针两枚
- 橡皮筋一根

实验操作：

1. 将气球吹大后系紧，用手指抓气球壁。
2. 将麦粒和米粒各放入盒子里。把盒子盖好盖子，用胶带密封后上下挥动。
3. 往瓶子里倒一些水，然后朝着瓶口吹气。
4. 在盒盖上开一个圆形的洞。洞两边扎大头针，然后把橡皮筋拉在大头针上。拉扯橡皮筋，开始演奏吧。

实验现象：

手指摩擦气球壁、挥动盒子、吹瓶口或是拉扯橡皮筋时，都能发出声音来。

实验原理：

演奏临时制作的乐器能够产生空气振动，我们就能听到声音了。

注意：

气球吹得更大时，声音会变得不一样，麦粒、米粒和水的量不同，产生的声音也会不同。改变橡皮筋的音调，只需绕几圈大头针。

纸小号

制作一个号角来传递信息吧。

所需材料：

- 纸一张
- 铅笔一根
- 剪刀一把

实验操作：

1.用铅笔把纸卷成管状。如图所示，从纸的一个角开始卷起，卷成管状后用胶带粘紧，以免松开。

2.取出铅笔，朝着管内吹气，看看是否能够吹出声音来。

3.压平纸管的一端，如图所示，用剪刀剪开。

4.把纸管放在嘴巴里，再次吹气。注意，牙齿、舌头和上颌都不要碰到纸管。比较两次吹纸管的声音。

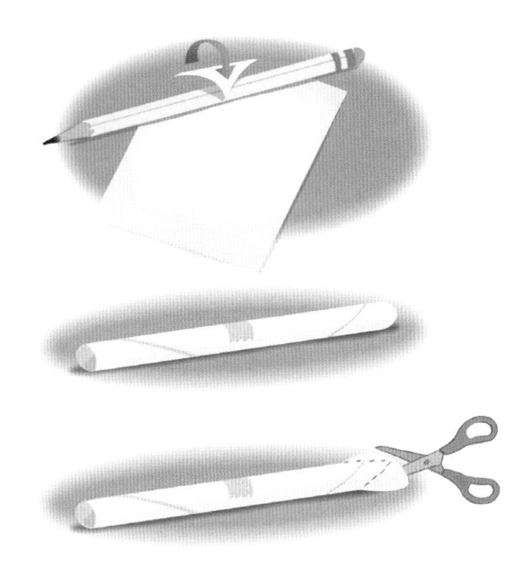

实验现象：

第一次吹纸管时，声音比较小。改良后的纸管，吹出的声音则跟小号很像。

实验原理：

正常的纸管在气流通过时，毫无阻碍。而当我们吹改良过后的纸管时，空气会产生回旋。回旋碰击管内，形成和小号相似的声音。

吹响叶子

下面我们来做一个简易长笛。

所需材料：

- 叶片一片（如果你在家，也可以裁下一小块纸来代替）

实验操作：

1.如图所示，把叶片放在两个拇指的中间。

2.向叶片吹气，直到它发出声音。

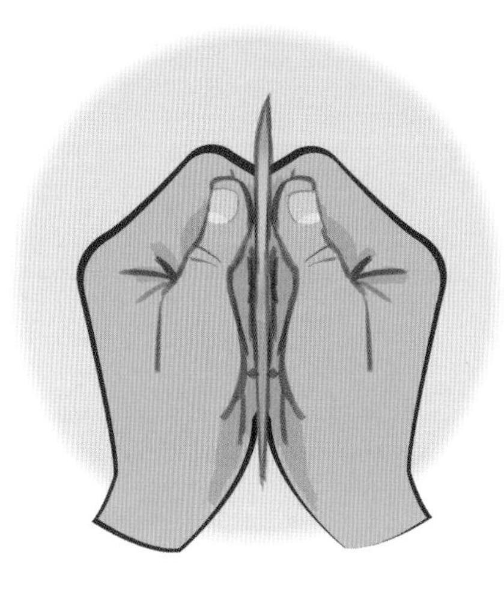

实验现象：

你会听到类似乐器演奏或是动物嚎叫的声音。

实验原理：

拇指间的叶片被拉紧，吹气产生振动，从而使其发出声音。

小小听诊器

看病的时候，医生会用听诊器来察看患者的情况。我们来做个小小听诊器，听听平常我们听不到的声音吧。

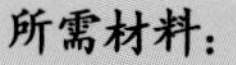

所需材料：

- 漏斗两个
- 软管一根
- 气球一个

实验操作：

1. 把气球管口剪掉后套在其中一个漏斗喇叭口上。
2. 在软管两端连接漏斗管口。
3. 把套有气球的漏斗放在朋友的背上，另外一个漏斗对准耳朵。看看你能不能听到他/她的心跳声。

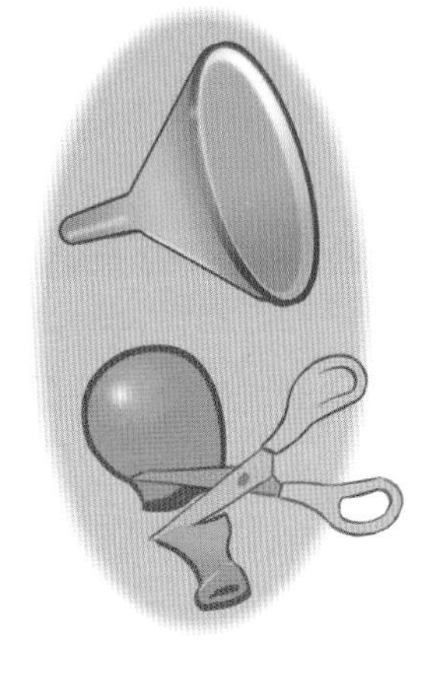

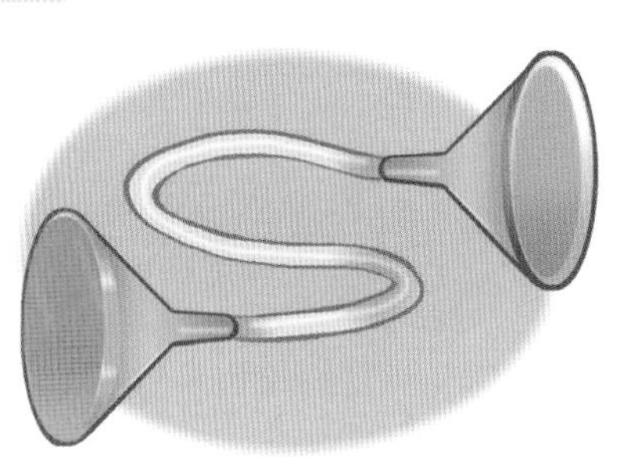

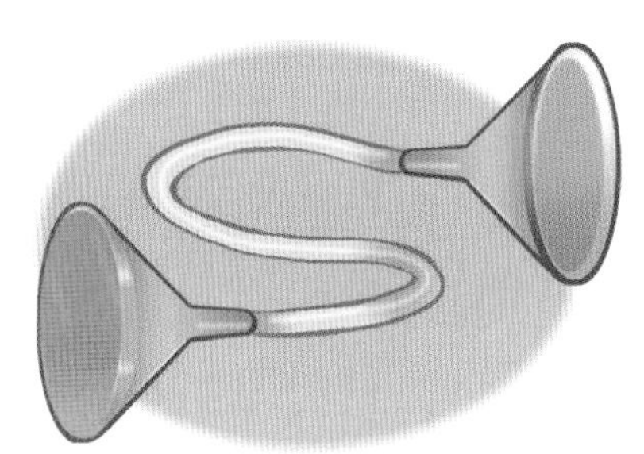

实验现象：

你会听到心跳声。

实验原理：

心跳使得气球振动，气球振动使得漏斗里的空气振动，从而传出声音，声音通过软管到达你的耳边。

会唱歌的叉子

用叉子敲勺子或者刀子时，会产生轻微悦耳的声音。下面的实验，我们看看怎样听得更仔细。

所需材料：

- 叉子一个
- 绳子一根
- 勺子一个

实验操作：

1.把绳子捆在叉子中间后打结。绳子两端各做一个小圈。

2.手指套上小圈后堵住耳朵。

3.请朋友用勺子敲叉子，仔细留意你听到的声音。

实验现象：

你会听到很大的声音，而且听到像钟声一样的回音。

实验原理：

你的朋友用勺子敲叉子时，叉子振动，产生声波。声波在空气中和其他介质中传播时速度是不一样的。固体（绳子）是声音传播的良好介质，而且与空气传播比起来，固体传播的声音更响亮。

尺子的声音

你可以用尺子来制造声音。仔细听听尺子发出的音调只有一种吗？

所需材料：

- 塑料尺子一把
- 桌子

实验操作：

1. 将尺子一半伸出桌子，紧压其在桌子上的部分。用另一只手压伸出桌子的部分，使其振动。听听它发出什么样的声音。
2. 前后移动尺子，重复上述步骤，再听听它发出的声音。

实验现象：

尺子振动产生声音。尺子伸出的长度不同，它发出的音调也不同。

实验原理：

尺子把振动转移到空气中，使我们听到声音。伸出桌面的尺子比较长的时候，振动较慢，振动的频率较小，音调就低。伸出桌面的尺子较短时，振动较快，音调就高。

实验拓展：

如果用金属条来代替尺子，它的音调又会怎样呢？

房间里的海浪声

在家里突然想感受大海波涛时，应该怎么办呢？此时，如果你有一个大海螺，你就能让自己“置身”海滨浴场了。

所需材料：

- 大海螺一个

实验操作：

耳朵听海螺。

实验现象：

你会听到跟海浪相似的声音。但其实你只是听到被收纳在海螺内的、你周围的声音。

实验原理：

海螺的形状和内部的光滑程度，使它变得像一个共振器。它强化我们耳朵平常听不到的声音。听起来，就像是海浪拍岸的声音。

这不仅是一本少儿科学实验读物
更是您的阅读解决方案

建议配合二维码使用本书

本书特配线上资源

知识拓展包

下载知识拓展包，看物理化学生物的拓展知识，激发学习兴趣，帮助孩子轻松积累学科知识。

趣味小测试

通过趣味小测试，检测孩子知识掌握情况，查缺补漏，帮助孩子巩固学科知识。

实验操作视频

看实验操作视频，从实验中清晰了解科学现象产生的过程，让孩子对科学产生浓厚兴趣的同时，为以后的学习打下良好基础。

专家答疑

专家在线答疑，解决孩子阅读过程中产生的困惑。让孩子阅读更轻松，家长辅导少压力。

德拉创新实验室小课堂

看实验室小课堂，轻松学习物理科普知识，了解生活中的物理现象，让孩子学习更有动力。

阅读助手

为您提供专属阅读服务，满足个性阅读需求，促进多元阅读交流，让您读得快、读得好。

获取资源步骤

第一步：微信扫描二维码

第二步：关注出版社公众号

第三步：点击获取您需要的资源